图书在版编目（CIP）数据

动物的爱情 / (法)弗乐 · 斗盖著 ;（法）纳塔莉 · 德福尔热绘 ; 李萍译. -- 北京 : 北京联合出版公司, 2019.7

ISBN 978-7-5596-3164-0

Ⅰ. ①动… Ⅱ. ①弗… ②纳… ③李… Ⅲ. ①动物－少儿读物 Ⅳ. ①Q95-49

中国版本图书馆CIP数据核字(2019)第070794号

La vie amoureuse des animaux © Actes Sud, France, 2016

动物的爱情

著 者：[法] 弗乐 · 斗盖　　绘 者：[法] 纳塔莉 · 德福尔热
译 者：李 萍　　筹划出版：后浪出版公司
出版统筹：吴兴元　　责任编辑：孙志文
特约编辑：许治军　左 宁　　营销推广：ONEBOOK
装帧制造：墨白空间 · 唐志永

北京联合出版公司出版
（北京市西城区德外大街83号楼9层 100088）
北京盛通印刷股份有限公司印刷　新华书店经销
字数35千字　720毫米 × 1000毫米　1/8　7印张
2019年7月第1版　2019年7月第1次印刷
ISBN 978-7-5596-3164-0
定价：78.00 元

官方微博　@浪花朵朵童书
读者服务　reader@hinabook.com 188-1142-1266
投稿服务　onebook@hinabook.com 133-6631-2326
直销服务　buy@hinabook.com 133-6657-3072

后浪出版咨询(北京)有限责任公司
常年法律顾问：北京大成律师事务所　周天晖 copyright@hinabook.com

浪花朵朵

动物的爱情

[法] 弗乐·斗盖 著
[法] 纳塔莉·德福尔热 绘
李萍 译

北京联合出版公司
Beijing United Publishing Co.,Ltd.

目 录

引言

性与爱，在大自然中到底起什么作用呢?

为了繁殖，动物们主要采用的办法就是性爱啦：要诞下小宝宝，雄性与雌性需行周公之礼，也就是交配。不过呢，其实还有其他创造新生命的方式喔……

豌豆蚜妈妈自己就能繁殖后代！每到春天，无需与雄性交配，她就能产下小蚜虫。这些小宝宝如同妈妈的拷贝，一模一样，我们称之为**克隆**。这种繁殖方式非常快捷，能让它们迅速占领整个豆角园。或者，吃饱喝足的雌雄蚜虫们会走近对方，一起造小宝宝。

灵丹妙药

既然雌性不靠雄性就能轻松繁殖，那为何还要“一起”多此一举呢？那是因为，**有性生殖**是有魔力的……当雌性与雄性结合的时候，精子与卵子相遇，形成受精卵，并把分别来自父亲和母亲的基因混合重组，打造出独一无二的、与父母既相似又不同的小宝宝来。这个过程将赋予小蚜虫某些新的特点：与其他同类相比，它的体形可能会略大或略小，皮肤可能会呈现深绿色或浅绿色。差别此时还难断优劣，一切都取决于后续事件。因为大自然天威难测，动不动就将动物们的生活环境改头换面。有可能今年会有一群瓢虫——蚜虫的天敌袭击蚜虫部落。又或者万一下起倾盆大雨呢？万一本地突发酷暑呢？面对当季的各种灾难，有些蚜虫可以渡过难关，有些可就在劫难逃了。

谁是大英雄?

假想一下，世上的蚜虫都一模一样，它们正静静地咀嚼着田里的植物。然而，这个夏天特别热，越来越热。植物都干枯了，蚜虫没得吃也没得喝。很不幸，所有这些蚜虫都是一个体质，谁都经不住酷热！最终它们都会死掉，蚜虫王朝就此全军覆没！多亏了有性繁殖，蚜虫后代可谓千差万别。比如，有一些个头儿小一点，少吃点少喝点也能存活。这些逆境赢家就可以繁衍后代，拯救家族免遭灭顶之灾。

基因重组让动物们永不停息地迎接大自然下达的各种挑战，性爱让生命在我们的星球上长途远征。

坠入爱河的动物?

性爱的目的不仅仅是为了造小宝宝，动物们同样喜欢互相爱抚、拥抱，为了乐趣而交配，**大山雀**爸爸妈妈在孩子出世后依然会乐此不疲。**普通海鸦**、**暗黑斑纹海豚**，还有许多其他物种都会在繁殖期外搂搂抱抱。这种接触不会给动物带来孩子，不过却让它们彼此感觉良好。相互给予的乐趣、舒适感能够加固它们的关系纽带，加深它们的情感。爱的能力不仅限于人类，动物们也会培养强烈而终身不渝的感情。

1. 雄性、雌性，还是雌雄同体？

能够产生卵子的动物就是雌性。如果它制造的是精子呢，那它就是雄性。显而易见，对不对？不要太天真哦！大自然可要离奇古怪得多……

二合一

一些动物既是爹，又是妈，我们称之为雌雄同体。

蜗牛、**蛞蝓**、**海星**，还有许多鱼类，都符合这种情况。**蚯蚓**，也就是**地龙**，同样具有双重性别，能够产生两种生殖细胞：精子和卵子。从春季到秋季都是蚯蚓的求偶季，它们在地表碰面。两条蚯蚓看对眼后，会将彼此的生殖带（也叫环带），也就是身体的肿胀处紧贴在一起，互换存储在储精囊里的精子（第15体节处），之后分离。接着，生殖带处分泌黏液，形成卵茧（又称卵袋），在蚯蚓的身体外部滑向头部。卵茧途经卵巢，获取卵子（第14体节处），然后到达精子储存处（第9～10体节处），使卵子受精形成受精卵。至此，卵茧结束旅程，脱离蚯蚓身体，封闭起来，暖暖和和地待在土里，等待孵化。

短则3周，长则3个月，小蚯蚓就出生啦！

忽男忽女

有些动物并不非要终其一生保持雄性或雌性。鱼儿们换起性别来，跟换衬衫似的，尤其是上了年纪的鱼。所有的**乌鲳石斑鱼**宝宝都是女孩儿。在改换性别前，有十年的时间，它们扮演妈妈的角色。之后，卵巢变成精巢，女娇娥变男儿郎，它们又做好了当爸爸的准备。有名的**小丑鱼**（迪士尼动画电影《海底总动员》里的尼莫）在海葵丛里结对生活，同时生活在附近的还有诸多雄鱼。雌性配偶死去后，雄性会改变性别，变成靓妹，就近招来另一条同伴。

红头霓虹虾虎似乎并不知道自己到底想要什么。这种生活在珊瑚中的小鱼，天天上演变性戏法！雄的变成雌的，然后又改变主意，重新变回男儿身。雌鱼也一样，分分钟决定将卵巢变成精巢，最终又变回原样。

卵巢中的卵子
生殖带
储精囊
蚯蚓
卵茧
三个月后……
蛞蝓
蜗牛

2. 动物世界诱惑指南

不管是毛绒绒的蜘蛛还是肌肉发达的海豚，它们的“诱惑”本领都是通过学习获得的。下面就是关于动物们征服爱侣的八套课程。

第一课：追求完美的性感雄性

雄性与雌性长相大不相同。他风流倜傥，而她则相貌平平。通常，雄性似乎都长得有点用力过猛，比如**蓝孔雀**那过度夸张的尾羽，长达1.5米，简直就是一个拖地长裙。

雄性**玫喉蜂鸟**则骄傲地炫耀着一撮长长的玫瑰色“胡子”，仿佛那是一件时尚饰品。

雄性**圭亚那动冠伞鸟**痴迷于橘色，不惜披满全身，以及那令人过目难忘的头冠。

哺乳动物也不甘落后，靠那些体积硕大的装饰来抢风头。雄性**阿尔卑斯羱羊**那巨大的角，足有6千克重。您要是头戴这么一顶帽子，就知道有多沉了。

雄性们之所以费尽心机，修饰外表，都是为了讨雌性的欢心。非洲的烈日之下，雄性**狮子**那厚厚的鬣毛看上去就够热。雄性**长鼻猴**的鼻子，有必要长那么长吗?

雌性会根据雄性的外形判断他是否健康，是否忠于伴侣，是否能成为称职的爸爸。雌性**大山雀**就爱对方那又黑又亮的领带*，这是精力旺盛的标志。在**孔雀鱼**的世界里，女孩们偏好尾巴更长的雄鱼。不过，光是长得漂亮还不够，她们还会考察恋人的行为举止。

* 译者注：成年大山雀头部的黑色羽毛在下颌处汇成黑线，沿着胸腹中线一直延伸到下腹部，形似“拉链”或“领带”，雄性尤为显著。

第二课：魁梧伟岸型，还是温文尔雅型？

女孩们喜欢的都是那些强壮的能在争斗中胜出的男孩吗？雌性**灰蟑螂**确实如此，她们都爱慕作风强势，在争斗中能制服对手的男士。

雌性**袋鼠**也喜欢好斗的雄性。雄袋鼠会参与媲美拳击联赛的搏斗，获胜的霸主可招来数目最多的异性粉丝。

不过呢，如人类一样，在动物世界里，女孩们倾心的并不都是肌肉发达、孔武有力的类型。雄性**鹌鹑**争吵完毕后，雌性会选择输了的那个！因为，输了意味着他的攻击性小，会温柔地对待她。

海洋鱼类中的**沙虾虎鱼**，也是如此。雌鱼会避开那些个头大，能打败对手的雄鱼。她们更喜欢那些个头偏小的，因为这样的雄性照顾起卵来会更精心。

第三课：男为悦己者容

动物世界最俊美的雄性向我们揭秘他们的求偶绝技……

• 山魈 •

“我敢自称是色彩最艳丽的猴子。我蓝色的脸颊，深红的鼻子和嘴唇，在亮黄色胡子的衬托下，极为显眼。这还不够。从背面看我也是惊为天人。瞧我的屁股：是不是闪烁着迷人的蓝色，外面还环绕着一圈玫瑰色？雌山魈就爱我们这些从鼻尖武装到屁股的精致雄性。”

• 黄胸鹬 •

“你要我别再向路过的女孩展示我的胳肢窝了？拜托，是她们非要看，好不好！她们都想看看我是不是颜色够红，因为良好的色泽意味着健康的身体。嘿！姑娘们，看看我的胳肢窝，够美吧？”

• 长鼻猴 •

“什么？你说我丑？这话还是留给你们人类自己吧！在我们雄性长鼻猴的世界里，鼻子越大越长，就越有雄性之美。大鼻子的优秀男士，那可是女士们的首选伴侣！”

• 阿拉斯加驼鹿 •

“取景框装不下我。这是恭维吗？好受用！是的，我拥有所有食草类里最招摇的大角。它是亮棕色的，又大又漂亮，这就是我的王牌。到了发情期，我只要向女孩们展示一下我的大角，她们无一例外，都会拜倒在我的魅力之下。”

• 袋鼠 •

“你们想知道我是如何吸引雌性的？简单！看看这跳动的肱二头肌。肌肉，一切尽在强壮肌肉里！”

• 孔雀蜘蛛 •

“一想到总有人说蜘蛛丑陋不堪，我就忍不住笑他们是井底之蛙……这些人肯定从未听过我们的大名——孔雀蜘蛛。我也不拐弯抹角了，我们就是最美的雄性。就这样，没了！”

• 杰克逊变色龙 •

“你们都知道三角龙吧？自从我复制了它的风格，不知迷倒了多少女孩。她们都为我疯狂，为我癫。对了，你们注意到我那绝世好身材是什么颜色了吗？”

• 萤火虫 •

“我专门在晚上出门施展魅力。告诉你们吧，女孩儿们眼里看到的只有我。她们会留意我那闪着绿色荧光的屁股！如果其中一只中意我的表演，她也会用发光的屁股闪几下，那就表示爱上我啦！”

第四课：女为悦己者歌

并不全是雄性主动追求雌性。**彩鹬**就与众不同。这种鸟生活在非洲和亚洲，雄鸟色泽暗淡，相对较小；雌鸟则比伴侣色彩艳丽。雌鸟鼓起脖子处的栗红色羽毛，歌唱着向雄性献殷勤。雌鸟产下卵就离开，去征服其他雄鸟，而鸟爸爸则留下来，独自孵卵、育雏。

棕三趾鹑也是如此。这种鸟形似鹌鹑，生活在亚洲。雄鸟会等着雌鸟来主动追逐。她的歌唱不仅用以吸引雄性，也是为了向对手宣布领地边界。追求伴侣通常会引发雌性间怒气冲天的大战。一旦征服雄性，雌鸟会亲自筑巢，然后在巢中产卵。它们的关系也就此终止：鸟爸爸将接过育儿接力棒。同彩鹬一样，棕三趾鹑也是由鸟爸爸来孵卵、养育幼鸟。而雌鸟早就一走了之，开始新的寻爱征程了。

长鼻猴

第五课：表演意识

求偶追逐是恋爱中的动物们最盛大的一场秀。为了吸引异性，好多动物唱起来，跳起来，展示自己最绚丽的色彩，有些甚至会施展令人大开眼界的杂技表演。

• 怪诞离奇的天堂鸟 •

雄性鸟儿们毫无疑问是地球上最不可思议的诱惑高手。其中，**天堂鸟**可谓是高手中的高手。在新几内亚和澳大利亚生活着39种天堂鸟，个个身着令人眼花缭乱的奇装异服。有些雄鸟的羽毛甚至演变成了戴在身上的“首饰”，令雌性目眩神迷。雄性**绶带长尾风鸟**乍一看是黑的。倏忽之间，几缕阳光让他头上和脖子上覆盖的彩虹般的羽毛跃然而出：闪烁着的有孔雀蓝、金属绿和紫色。随着光线的变化，颜色瞬息万变。不仅如此，这只小黑鸟的尾巴由两根长长的白色尾羽组成，好像两条下垂的绶带。

雄性**戈氏天堂鸟**的背上披着橘色的羽毛，羽毛轻盈、绵软，像绽放的烟花。有些天堂鸟的尾巴会长有两根奇异的尾羽：雄性**王极乐鸟**的小圆片尾羽状如蜗牛，雄性**丽色极乐鸟**的则像个大圈圈。看样子，这些雄性像刚刚从高级时装秀场中走出来的。然而，只有当他们载歌载舞时，方能尽展那惊为天人的才华。

雄性**华美极乐鸟**将黑色的双翅展在脑后，活似一个圆卵架在两条腿上。长在胸部的那片蓝绿色的亮丽羽毛，好似一张笑脸。他向空中仰起下颌，露出头部那孔雀蓝色的羽毛。那双蓝色的眼睛好像在盯着我们。这只雄性极乐鸟似乎不再是只鸟，而更像一个活蹦乱跳的外星生物。雌鸟彻底被眼前的影像摄了魂。不过有时候，雌鸟也会被过分炫目的表演搞得疲惫不堪，索性一走了之，留下失落的表演艺术家。

• 披着羽毛的迈克尔·杰克逊 •

有谁会跳迈克尔・杰克逊那大名鼎鼎的太空步？“我、我！”长着黄腿的雄性**红顶娇鹟**激动地回答。发情期间，为了俘获女士芳心，这种生活在南美洲的雄鸟把树枝变成了舞池。单看他那红色的头部，亮黑色的身体，还有黄色的双腿，这一身装束就已是奢华炫目。不过对他这样的天才舞者来说，装束固然重要，但还不够。呀，有个女孩正盯着他看呢。雄性红顶娇鹟立刻进入舞池，在树枝上疾步小跳，因为跳得太快，看上去他就像是从四面八方向她滑来。太空步走起，先来个侧移，紧接着后退。然后给舞步配上曲子，发出让女孩倾倒的滴答咔嚓声。毋庸置疑，雌鸟一定会被这位控场高手俘获芳心的。

• 爱的自由落体 •

猛禽喜欢玩刺激的。好多成对的**鸢**和**隼**经常在半空疾速对冲，甚至在空中交换猎物。似乎空中杂技能将双方的感情牢牢地捆在一起。双鸟极限运动金棕榈奖获得者当属**白头海雕**——美国的国鸟。择偶时，无需美妙动听的歌喉，亦无需矫揉造作的舞姿。它们要的，是动作片。雌雄双双起飞，直冲云霄。之后，它们两爪相扣，手拉手一起向下螺旋俯冲。自由落体式运动带来的速度令人目眩。最后，就在坠毁前的那一刻，它们迅速分离，再次一飞冲天。对海雕来说，一起经历生死才算是一段爱情故事的开始。

• 同步华尔兹 •

鸟儿们凭着美妙的歌喉、精湛的舞技占据了前半场，但有些蝴蝶也毫不逊色。

马丁字灰蝶的名字很贵气，但它也爱跳沙龙舞。为了寻找伴侣，雌雄蝶赶赴舞会。它们两两相依，相互围绕着翻飞旋转，互做开场介绍。一只起飞，另一只随即跟上。它们双双盘旋飞舞，然后停下。翻转、回旋，轻轻掠过对方。哎呀！来了一个新舞者！它们再次停下，互相碰碰腿，摩挲摩挲翅膀，就这样持续好几分钟——这是确定恋爱关系的必要时间。

• 水中芭蕾 •

即使在水底，为了找到同伴，也免不了要上演一场大秀。苍茫的大海中，**座头鲸**天各一方。幸而雄性的声音可以传播数千千米。借助麦克风，我们可以录制并听到他们求爱的歌声。不过他们也会使用很低沉、人类耳朵无法听到的次声波呼叫。次声波可在水中进行远距离传播，好让求爱的歌声到达雌性的耳朵。雄性座头鲸的求爱歌声听起来是那么哀怨，他们能成功找到爱侣吗？

亚马孙河豚

一头雌鲸听到了雄性的歌声，出发与他团聚。等她到达时，已有数位男士等着献爱。大家纷纷跳起水中芭蕾。这些重达25吨的庞然大物居然腾空跃起5米之高，然后自由落下，溅起的巨大水花，一朵比一朵壮观。雄鲸也会用鳍拍击水面，响声自然是越大越好。雌鲸则在一旁观看表演，为未来的小鲸鱼物色爸爸。做出选择之后，他们一同远离鲸群，去谈恋爱，然后分开。这些海洋舞者并没有真正的家庭生活。

第六课：有聘礼，那就另当别论了！

有些动物中，雌性期待的是雄性的聘礼。

是什么并不重要。只要选得对，让她收下，关系就确定了。

• 狡猾的聘礼 •

雌蜘蛛有个令雄蜘蛛不爽的习惯：交配之中或之后会将雄性吃掉！雄性**奇异盗蛛**拒绝被吞食，即使是以爱的名义也不行！为此，他找了个小窍门。约会那天，他会随身带上一件精美的聘礼——裹在蛛丝中的一只昆虫。求爱时，雄蜘蛛用口器上的小钩牢牢抓住聘礼，固定在螯肢之间。雌蜘蛛显然对小吃饶有兴致，于是就忍不住扑过去。此乃千钧一发之刻！如果雄蜘蛛此时任由雌蜘蛛扑来，他会连同聘礼，被雌蜘蛛一口吞下。不过雄蜘蛛的计划可谓天衣无缝。他装死——这是猎物为了逃避猎手惯用的一种伎俩。雄蜘蛛就这样挂在聘礼上，被急于享受美味点心的雌蜘蛛一并拖走。一心想着吃，她竟没能注意到雄蜘蛛突然“苏醒”过来与她交配，动作可谓是又快又准！之后，得逞的雄蜘蛛自然是有多快跑多快啦！

• 送你一束花 •

雄性**亚马孙河豚**是个浪漫的主儿。瞧，他正在河流里收集树枝，并做成花束衔在口中。

他要将花束献给雌性河豚，她会接受他吗?

雄性**辉蓝细尾鹩莺**也会向心仪的对象送花。这种澳大利亚小鸟因雄鸟有着鲜艳的蓝色，视觉效果极美而得名，可谓是鸟如其名。我们可能以为凭他绝美的身材就足以征服雌鸟了。哪有那么容易！他采下一片玫瑰色花瓣，献给爱人。玫瑰色与他的色彩形成鲜明色差，凸显了他的优势。美人对他的姿态很是满意，双方的关系因此得以深化。

• 穿过胃的浪漫 •

雌性**黄喉蜂虎**才不在乎花束，她们要的，是能吃进嘴里或者说胃里的礼物。雄性会捕获大量昆虫，送给他的女人。这可不仅仅是为了打动她。产卵期及之前，他都会定期送上熊蜂、蜻蜓、蜜蜂，毕竟未来的妈妈需要能量和营养来制造卵。不过这些小礼物确实也是夫妻间的感情黏合剂。

普通翠鸟也是如此。翠鸟先生们通过定期向翠鸟女士献上小鱼，来证明自己拥有担当未来父亲的可靠资质。雌鸟则贪婪地享受这份可人的心意。

第七课：塑料艺术品工作室

雄性园丁鸟一定是动物世界最具创意的追求者。他们搭建求偶亭——以不同颜色装扮起来的茅屋、草亭。

• 非蓝不取 •

生活在澳大利亚的雄性**缎蓝园丁鸟**嗜蓝成癖。他用细小的灌木枝搭起两排顶端靠在一起的篱笆，这就是他的求偶亭了。不过，为了能吸引雌性进入，他还得将亭子四周装点一下。如果生活在森林里，他找到的都是蓝色的羽毛啊，水果啊，花瓣之类的。如果住得靠近城市，他还会收集人类的蓝色物品。划重点——甚至会行偷窃之事！被他叼回去布置在求偶亭周围的，有钞票、钥匙扣、自来水笔。此外，他还喜好塑料瓶盖和吸管。但是，都仅限于蓝色的！终于，有只雌鸟来参观他的领地了。他迫不及待地衔起自己的“收集成果”，向她展示，试着说服她：“看到这张10美元的漂亮钞票了吗？美极了的淡蓝色，对不对？”如果雌鸟被打动了，会进入求偶亭并蹲下。这意味着她认可雄鸟的品位，同意交配。同许多其他雌园丁鸟一样，交配之后，雌性缎蓝园丁鸟独自离开，独自筑巢产卵，独自照顾鸟蛋。雄鸟则用现成的蓝调杰作，继续勾搭其他雌鸟。

• 装潢高手 •

雄性**褐色园丁鸟**会花费几年时间，用细枝末梢来建造求偶亭。亭内铺满青苔，如同一个又厚又舒适的绒毯。然后，鸟儿开始装点入口和内部。每只褐色园丁鸟都有自己的绝活。想要获得女士芳心，一定要别出心裁。喜好亮色的雄鸟会将橘色的花、成串的红果子各摆在一侧。他也会抓捕那些蓝绿色的漂亮甲壳虫。不过，这些活昆虫会不停地逃跑！雄鸟只好耗时耗力，将逃犯重新抓回来，放回原处。

另一只雄性褐色园丁鸟显然偏爱暗色系。有什么能比屎棕色、煤黑色更雅致呢？他将收集到的食草动物的粪球堆成一大堆。不过，有时，粪堆里会长出蘑菇，破坏他的装潢设计。他只得赶在雌鸟到达灾难现场之前，把它们一个个拔去。任何装饰瑕疵都不可容忍！除搞装修外，褐色园丁鸟还备有另一手绝活：他也是歌唱家。他会模仿鸽子、鹦鹉、凤头鹦鹉的歌声，用以魅惑雌鸟。她们钟爱那惟妙惟肖的模仿，对雄鸟呈上的富有创意的新奇玩意儿也非常敏感和受用。

缎蓝园丁鸟的求偶追逐

• 专业伎俩 •

为了凸显自己的创意，新几内亚的雄性**纹园丁鸟**找到一个窍门：在求偶亭前铺上一层黑色的蕨类地毯，借用黑色来反衬摆在地毯上的那些五颜六色的发现——鞘翅目昆虫的翅膀啊，天堂鸟的羽毛啊，花儿啦，浆果啦，都显得愈发夺目。有些雄性纹园丁鸟甚至会粉刷求偶亭。他们把树叶同果子或袋鼠的粪便一起磨碎，用唾液将它们混合，然后用喙将混合涂料抹在小树枝上。

• 草编艺人 •

在成年雄性园丁鸟忙着建亭子时，亚成鸟会在一旁观看、学习。他们甚至会付诸实践，亲自建造求偶亭。亭子目前看起来还平淡无奇。不过几年后，他们也会成为专业草编艺人。

• 强盗！•

雄鸟会小心翼翼地保管找到的宝贝，因为时有小偷垂涎惦记。一块红色塑料就足以引发羡慕嫉妒恨。而园丁鸟偷起邻居的窝棚来可毫不犹豫心软。有些坏蛋甚至会把竞争对手精心准备的创意作品完全毁掉。

第八课：同性相吸

动物界的同性恋现象已是司空见惯。雄性想办法吸引雄性，而雌性对雌性来电。这种举动并非异常，只是自然界性爱多样化的一部分。所以我们会看到同性动物间形形色色的求偶炫技。雄性**海豹**们螺旋状群泳，雌性**赤羚**对着女伴吹口哨，**赤褐袋鼠**低吟着向同性表达爱意。雄鸟之间互赠礼物，相伴起舞，一如雌雄之间所为。

为了吸引同性爱人，雄**鸵鸟**会单腿着地旋转，但他可从不会为了雌鸵鸟费这种心思。雌性**恒河猴**相互求爱时，会玩捉迷藏，这是闺蜜们之间的保留游戏，她们从不跟雄性玩。

海豹

3. 单身派对

要想找对象，没有比单身派对更好的去处了。

动物学家们称之为求偶场。雄性们聚集在求偶场，集体在雌性面前展示风采。

勾魂摄魄的橙色

每年，雄性**圭亚那动冠伞鸟**都会在圭亚那热带雨林里的同一个求偶场集合。在这里，既能看到装点着精致橙色羽毛的成年雄鸟，也能看到尚不具备繁殖能力的雄性亚成鸟——他们来此是为了观摩学习本物种的求偶仪式。每只雄鸟各占一块地：一根树枝，及树枝下的那块空地。一旦雌鸟到达求偶场观秀，雄鸟们立刻就地而立，开始大秀表演。他们利用靓丽羽毛的光影变化来打动观众。亮场时先保持不动，让雌鸟有足够的时间欣赏自己；之后将双翅展在背后，在热空气的带动下，翅膀上的纤毛迎风起舞。看上去，雌鸟们被雄鸟骚动的羽毛征服了。选定伴侣后，雌鸟会待在雄鸟身后，伺机拨弄他喙上的纤毛。之后，伴侣们双双起飞，飞到僻静处交配。

冉冉升起的新星

艾草松鸡生活在加拿大及美国。对雄鸟而言，求偶季无异于打击乐音乐会。雄鸟聚集在一块草地上，将尾巴展开，呈轮状，做好用音乐成绩来征服雌性的准备。他们胸前有两个气囊。求偶时他们会将两个气囊鼓起，使其互相碰撞，弄出砰砰的响声。雌鸟逐个检阅雄性，考量他们的才艺。然而，最终几乎所有的雌鸟都会选定同一只雄鸟！这个大明星通常是求偶场上位置居中的那个。她们都为他疯狂，排着队等待和他交配。其他乐手也能引得一二雌性注目，不过大多数都找不到粉丝，只能明年再接再厉了。

艾草松鸡

聪明的鬣蜥

加拉帕戈斯海鬣蜥同样也参加单身派对。不过雄性鬣蜥可不喜欢所有女孩的注意力都被同一个雄性独揽。怪石嶙峋的海岸上，相亲的雄性鬣蜥排成一队，展示他们那红色的两肋和从头到尾贯穿整个背部的“朋克风”绿色脊冠。女孩子们赶来仔细察看每只雄性的体型，最终大家通常会选择体型最大，占据着一大块岩石的那个。不过小个子的雄性可不会被大个子唬住。瞧！小个子莽夫等得不耐烦了，趁大个子雄性转个身没留意的一刹那，猛扑向雌性，强行交配。

公主的城堡

雄性**马拉维慈鲷鱼**的求偶场可不是炫耀色彩或表演音乐的地方。他们的求偶场，是切切实实的基建工地。每条雄鱼都会打造一个沙子城堡，雌鱼根据建筑才华为未来的幼鱼宝宝遴选合格的爸爸。

加拉帕戈斯海鬣蜥

4. 最怪异的恋人

大自然独具匠心，造就了奇特、有趣甚至离奇的求偶和繁殖方式！

会尿才会赢

为了向雌性一献殷勤，雄性**豪猪**会朝雌性身上喷尿，从头浇到脚。而雌豪猪呢，则需要裁决这泡淋浴尿是否舒爽。如果够舒爽，她就同意与他交配。不然，她就哼叽几声，抖落身上的尿液，另觅爱人。

枪战决雌雄

假双角橙边黑扁虫是一种海生涡虫，生活在珊瑚礁中。它们雌雄同体，色彩异常绚丽。为了决定谁当爹谁当妈，它们提“枪”上阵！用生殖器率先刺中对方并向对方注入精子者即为胜方。

有人认为这些扁虫之所以偏向于当爹，是因为当妈妈就意味着需要付出更多的能量。为了将小宝宝带到世上，妈妈需要吃更多的食物，付出更多的辛苦。不过并不是所有雌雄同体的动物都如此。**海蛞蝓**才不要当爹，人家想方设法都要当妈！

假双角橙边黑扁虫

爱之水乳交融

黑丝角鮟鱇是一种深海鱼类，因借助“灯笼”捕食而闻名。猎物慕光而来，却被猎手一口吞下。奇怪的是，所有我们见到的黑丝角鮟鱇都是雌鱼。雄鱼都去哪儿了？他们小到微不足道。唯一的目的就是找到一条可以依附寄生的雌鱼，并彻底融入对方的身体，而且自身器官会逐渐萎缩退化，只留一对精巢在雌鱼体内。接下来，雌鱼就随时随地从寄生在体内的精巢中获取精子，孕育小鱼。

亲爱的，吃掉我

赤背寡妇蛛生活在澳大利亚，是全世界最具毒性的蜘蛛。不仅对人类来说极其危险，其雌蜘蛛对体型仅为她1/3的雄蜘蛛也是一种危险。不过这并不是问题。雄蜘蛛爱得那么深沉，即使被蚕食，也都心甘情愿！

求爱者开始那长达数小时的求偶表演了。雄蜘蛛在雌蜘蛛的网上跳起舞来，并轻拍她的腹部，传达某种鼓语。等到时机似乎完美之时，他将两条阴茎中的一条插入雌性的一个受精囊中，然后将肚子贴紧爱人的嘴巴。关键时刻到了。雌蜘蛛可能会准许雄蜘蛛将第二条阴茎插入自己的第二个受精囊，如果这样的话，这位雄蜘蛛就会成为孩子们独一无二的爸爸啦！不过，要是雌性觉得战斗已经拖得过长，她就会活吞雄性。接下来，自会有第二只雄蜘蛛受邀完成下一轮受精。貌似雌性黑寡妇偏爱跳舞时间更持久的雄性。如果雄性的表演达不到一个半小时，在第一次交配之后，他就会被雌性吃掉。

黑丝角鮟鱇

5. 搂搂抱抱亲亲

抱一抱，好舒服！同人类一样，动物们也会爱抚伴侣，也会和爱人温存，甜蜜拥吻……

拥抱和亲吻

声称人类是唯一能做某事的物种的说法，通常是错误的。比如，作家查尔斯·狄更斯曾说：“人类是唯一会拥抱的动物。”错！**倭黑猩猩**不仅会拥抱，还会和对方接吻！还有**猩猩**和**大猩猩**，哪天不和伴侣互相亲吻、互相拥抱、互相爱抚啊？

野性的温柔

成对生活的鸟儿们与伴侣之间也是黏黏乎乎、腻腻歪歪的。很多鹦鹉都会以喙相碰，并互相清洁，被按摩的那位常常会惬意地闭上眼睛。

猫、**猞猁**以额头相互触碰。**草原犬鼠**、**驼鹿**相互触碰鼻子。即使在水下，动物们也不忘互相爱抚。**海牛**轻咬对方，**鲸鱼**则用鳍状肢相互抚摸。

所有这些肢体爱抚都能给对方带来乐趣，加深伴侣或群体之间的情感联系。

倭黑猩猩

6. 恼人的爱情

动物世界里，伴随性爱的可不总是亲吻和温柔……

纠缠不休

雄性**欧洲泽龟**不会为复杂的求偶仪式花费心思。事实很简单，这些生活在池塘、沼泽中的龟们根本就没有任何仪式感！与其说是求爱，不如说是战斗。这期间，雄性不是变身英俊潇洒的王子，而是转为蛮横暴躁的汉子。他们先是用嘴巴、带爪的双腿与其他雄性互搏，接着一见到有雌性经过，大家就一拥而上。技巧？纠缠不休呗！雄龟爬上雌龟的龟背，雌龟试图摆脱，雄龟则用尽全力，揪住不放。雌龟身负重物，扎入水中，但为了呼吸，很快就不得不浮出水面。有时，还会有第二只雄龟继续爬上这对爱侣的后背，使得雌龟再次沉入水中险些因窒息而死。好在这种情况很少见。

一旦上岸，雌龟便试图逃跑，但是雄龟会用力撕咬对方。出于无奈，雌龟只得把头缩回龟甲，最终也只能接受这个不体贴的爱人，与之交配。卵也因此成为受精卵。雌龟会在温暖潮湿，适合自然孵化的沙窝中产下龟蛋（受精卵），并将其掩埋，靠自然之力孵化出小龟崽们。

粗野无礼

蜻蜓交配的时候，会形成心形的姿势。很浪漫，对不对？可不要被这婚配的表面幸福所蒙蔽。在蜻蜓大家族中，只有雄性**豆娘**对豆娘女士略表殷勤，以自己花里胡哨的腹部来吸引雌性。其他种类都不屑这些小儿女的把戏。他们才不会追求雌性，而是直接“追捕”！只要相中她，雄性就会紧紧追随。一旦靠近，雄性便简单粗暴地抓过雌性，借助尾巴上携带的小钩子钩住雌性的脖子。如果雌性接受这种粗暴的挑逗，就把生殖器与雄性的贴在一起。至此，两个爱人就形成了一个“浪漫”的心形。

豆娘
欧洲泽龟

疯狂而霸道的女主角

让人不悦的爱人总是雄性吗？雌性也会表现得让雄性难以忍受。**转角牛羚**是一种生活在非洲的羚羊类，雌性一年之中只有一天可以受精。这一天，她们格外躁动。为了保证能怀孕，她们必须不惜任何代价，行交配之事。每只雌性通常会与大约4只雄性交配。但有些雌性为了保证受孕成功，一天之中会与12只雄性交配。她们不断地扑向雄性，直到对方同意爬上自己的背，才停止骚扰。有的雄性早已精疲力竭，以致从雌性的背上掉下来。

吸血鬼恋人

生活在美国西部的雌性**蒿蟋蟀**，对爱侣则更加残酷。春天，对自己命运一无所知的雄性蒿蟋蟀离开巢穴，爬上蒿子秆，为了能被雌性听到，努力在高处嚯嚯鸣叫。一只雌性被他的歌声吸引，爬上他的背部，开始小口啃食他的翅膀，接着，吸食他的血，也就是血淋巴。在此期间，雄性将盛满精子的精囊附着在雌性身上，使雌性的卵受精。此番孽缘之后，雌性倒是会放走慷慨献身的恋人。他还活着，但已遍体鳞伤！

转角牛羚

7. 亲密无间

通常，雌雄之间的身体接触是孕育幼儿的必要条件。不过，并不绝对……

交配，或否

交配行为，是指雌雄之间生殖器的接触。雄性具备阴茎，雌性拥有阴道。雄性将阴茎插入雌性的阴道，并释放精子，使单个或数个卵子受精，孕育出小宝宝。

哺乳动物与爬行类如此。不过并非所有的雄性动物都有阴茎。鱼类中，雌鱼将卵产入水底的坑穴，雄鱼直接将精子排放在卵子上面。两条鱼之间的身体接触完全没有必要。雄性**青蛙**或**蟾蜍**则会紧抓住意中人的背部，等待她产卵。卵子一旦排出，即被雄性释放的精子浴浇灌，以使尽可能多的卵子受精。

两个极端

多数鸟类不具备阴茎。雌雄互相摩擦泄殖腔口*，传递生殖细胞。一方面，雄性的**鸡**和**燕雀**完全没有阴茎；而另一方面，**鸭子**、**鹅**这一家族却发育有令人难以置信的交配器。**南美硬尾鸭**（也叫**阿根廷湖鸭**）是一种生活在南美洲的鸭子，生殖器长达42厘米，是其身长的2.5倍**！而且，他们的生殖器会卷成像红酒开瓶器那样的螺旋状。具体为什么他们的生殖器会如此巨大尚未可知。看样子，可能在其阴茎上长着类似刷子的结构，能将竞争对手的精子给扫出来。不过还有另一种解释值得我们深入探索。鸭子通常会强迫雌性，即使她们不同意，也会被公鸭子强制交配。母鸭子的阴道弯弯曲曲，好像就是为了阻碍公鸭子得逞。作为对策，他们则发展出能够强行通达目的地的超长阴茎。有一些阴茎能以120千米每小时的速度展开！那些游弋在湖面的鸭子貌似平静祥和，实则私生活混乱不堪呐！

* 泄殖腔口：鸟的肛门。

** 译者注：另有说法称雄性南美硬尾鸭的生殖器长度等同于其身长。

南美硬尾鸭

单纯行乐

虽然时有被迫交配的情况，但多数情况还是在双方互愿的基础上发生的。而且动物界也时有同性恋人。比如，雄性**长颈鹿**爬上另一只雄性的背上去交配，或者两只雌性**日本猕猴**互相拥抱，摩擦性器官。它们的亲密接触不会诞下宝宝，纯粹是为了行乐。

终生结合

绿叉螠，一种长得像肠子的海生绿色虫子，可谓是最诡异的伴侣之一。因为，他们通过“鼻子”交配，雄性会整个进入雌性那像鼻管一样的体腔或肾管里！雌性身长可达1米，而雄性则小得可怜，只有不到1厘米。他被雌性吸入体内，固定在爱人的生殖器官上，因此躲过敌害，不劳而获地取得食物。当然，作为交换条件，他得定期提供精子，给雌性绿叉螠的卵受精。

日本猕猴

8. 嫉妒吃醋

交配之后，有些雄性总想保证自己是雌性独一无二的生殖配偶。为此，他们无所不用其极……不过，这管用吗?

贞操塞

雄性**灰松鼠**以及其他一些啮齿类动物找到一种防止雌性与其他雄性交配的办法。完成交配后，他们用大量的精子将雌性的阴道生生堵塞。然后，跑去勾搭另一只雌性。不过呢，刚等情人离开，雌性立即就把阴道栓弄掉。只要她想，就会再次交配。

至于**蜜蜂**，雄蜂宁死也不愿蜂后结识新恋人。所以，交配之后，他会扯断生殖器，将其嵌在蜂后体内。他因此丧命，不过却保障了自己独一无二的地位。呵呵，也就他自己这么认为。下一只雄蜂到来时，会用阴茎上的毛将蜂后体内的塞子成功清除，并与之交配。结局便是：重蹈前任的覆辙，以身殉性。

不择手段！

其实不必借助塞子，雄性也有办法保证自己是孩子们独一无二的爸爸。蜻蜓具有独特的刺，能将别的雄性的精子刮干净。雄性**林岩鹨**用喙拍击雌性的尾部，将前任的精液抖出。至于雄性**果蝇**呢，他制造一种毒性物质，杀死竞争对手的精子。但是这种物质对雌性也是有危险的。看来，为了延续自己的基因，雄性们真的是不择手段啊！

蜜蜂

9. 家庭生活

小两口儿、大家庭、单亲妈妈或爸爸，这些都是动物们创造的种种共同生活方式。

你我永相伴？

如果雌雄互相忠于对方，我们称之为单配制。这种婚配制度在自然界中极为罕见，不过却真实存在。几乎所有的青蛙交配后都会分离，而生活在秘鲁丛林里的**网纹箭毒蛙**却是例外。这种毒蛙小两口会共同生活，一起照顾孩子。雌性将卵产在树叶上。当蝌蚪全部孵化出来时，雄蛙将它们一个一个放在自己的背上，带到一片蓄水的树叶上。就这样，小蝌蚪被放入了一个私人泳池里。宝宝由雄蛙照看。如果宝宝饿了，雄蛙就呼叫雌蛙。雌蛙给蝌蚪喂下一颗未受精的卵，蝌蚪大口吃下。

灵长类动物中也有终生相爱的。生活在印度尼西亚的**长臂猿**家族就是一例。雌雄结成一对，共同养育幼崽。所有的家庭成员你贴我，我贴你，睡在同一枝树梢上。双亲从不婚内出轨。从不？科学家们原本是这么以为的，直到最近才发现有些长臂猿并不忠诚。他们或者“离婚”，或者与另一只长臂猿育有私生子。

长久以来，我们都以为鸟儿们实行着单配制。这点在**漂泊信天翁**、**黑头美洲鹫**、**白鹳**中倒是属实。但其他多数鸟类就真的只是表面忠诚了。好多鸟确实共同生活，共同育幼。不过这并不妨碍雌鸟或者雄鸟向其他鸟儿献殷勤。分居的情况也存在。**绯红金刚鹦鹉**可以共同生活十多年，直至某一天骤然分手。这是为什么？有时候，是因为双方不能拥有自己的孩子，又或者，是因为其中一个找到了新欢。

网纹箭毒蛙

两雄或两雌

一般来说，结成配偶、组建家庭需一雌一雄，但也不是绝对。有些配偶是同性恋人：由两只雄性或两只雌性构成。那么，他们或她们将如何繁衍后代呢？

寒鸦和**海鸥**找到个小窍门。两只雌鸟分别与过路的雄鸟交配，然后紧邻着筑巢。双方各自产卵、孵卵。不过她们会将蛋从一个巢滚到另一个巢，进行交换。幼鸟孵化后，她们共同照顾。想要抚育幼鸟的雄性**黑天鹅**们有时会收养弃蛋。或者，他们也会选择与雌性交配。生母一旦产下卵，就被无情赶走，留下的蛋则由两只雄性共同孵化。相比普通夫妇，这些“爸爸团”通常会养育更多的孩子，也能将孩子的身体照顾得更好。因为比起只有一只雄性的夫妇，他们两个力量更大，能捍卫更大的领地，获取更多的食物。

在**灰熊**、**狐狸**和**疣猪**中，偶有两头各有子女的雌性选择共同生活，共同照顾孩子。想吃奶的时候，这些幼崽就有两个妈妈可以选。比起只有一个妈妈的幼崽，这些幼崽就有机会吃得更好，得到更多的保护。

有时，还会有两只雄性**猎豹**一起照顾孤儿，一对雌性**海象**收养弃儿，两只雄性**红嘴鸥**孵化被雌性抛弃的一个或一窝蛋。

灰熊

大家庭

雄性**阿拉伯狒狒**妻妾成群。每个家庭由一只占主导地位的雄性、几只雌性以及他们共同的孩子组成。作为一家之长，这个爸爸的生活可不安宁。一方面，他得不停地与那些觊觎他后宫的雄狒狒作斗争。另一方面，尽管他费尽心力保障家庭成员的安全，雌狒狒们却并不总是以心相许。有一些会趁着黑夜或者躲在石头后，与过路的追求者交配。**狮尾狒**的雌性都是一家子，如果对老公不满，她们就集体弃他而去，另找一只雄狒狒搭伙过日子。

有一些雌性也会主导数个雄性。**铜翅水雉**——生活在印度沼泽地带*的一种长着大脚的鸟即如此。雌性掌控着数只雄性的生活领地。孵卵、育雏这类事情则由雄性负责。

有些动物的群体更大，由多个雌性和多个雄性组成。雌性**黑猩猩**会与数个雄性交配。不过在**狼**或**狐獴**群中，只有拥有领导权的高等级配偶才有生育权。他们会阻止其他家庭成员相互发生性行为。

雌性**鬣狗**和**大象**倾向于待在姐妹团里，扎堆养育孩子。她们仅在发情期与雄性交往，之后就重返姐妹团。这些动物从不与配偶生活，而只与女伴、姐妹或堂表姐妹一起生活。

* 译者注：中国云南也有铜翅水雉。

狐獴

单亲妈妈

鸭嘴兽、**猞猁**或**树懒**既不成对生活，也不以家庭为生活单位。雌性仅在交配季节与男士约会，然后离去，独自生育并照顾后代，传授幼崽捕猎技巧，或者教它们辨认可以食用的植物。

单亲爸爸

有些爸爸也能独自搞定养育孩子的任务。等妈妈排出的卵受精后，**产婆蟾**爸爸就将受精卵缠绕于后腿之间，一直带着它们，照顾它们，直到它们变成蝌蚪。孵化前，他会将受精卵放入水中。蝌蚪出生，爸爸离开，重新踏上新生活之旅。

雄**海马**也是模范爸爸。海马妈妈将卵完全托付给他，由他在腹囊中进行受精并孵化。随后，爸爸“分娩”，释放出小海马。

姐妹团

社会性昆虫如**蚂蚁**、**蜜蜂**有着惊人的家庭组织。一个蚂蚁窝有一到数个蚁后，她们不停地产卵，为蚁群生产数以百万的工蚁。所有的工蚁都是蚁后或蚁后们的女儿，但是她们却来自不同的父亲。因为产卵之前，蚁后会与多个雄蚁交配，将精子存储在体内的精子库——储精囊之中。

海马

这些都是错的

让那些千篇一律的陈腐观念，一边去吧!

关于动物的爱情生活，流传着不知多少错误观点，有时甚至会影响到人类的情爱观。在大自然的帮助下，纠正下面这些错误观念吧。

一辈子就注定是男或是女。

那可不一定。

一些**鹦嘴鱼**中，有半数雄鱼是雌鱼变性而来的。雌性**林蛙**年老后会变成雄性，从此开始新生活。

雌性更偏向一夫一妻制，而雄性总渴望拥有更多女友。

这样想就错了。

雌性**瓣蹼鹬**拥有男宠团，恋人无数。雌鸵鸟与数个雄鸵鸟交配，而后将照顾幼鸟的任务甩给爸爸们。与之相反，雄性**柯氏犬羚**（一种小型羚羊）和**夜猴**都忠于伴侣，从不与别的雌性交配。

雄性都比雌性体型大。

并非绝对。

很多鱼类中，雌性都比雄性个头大。猛禽中如**游隼**、**苍鹰**、**燕隼**也是如此。哺乳动物中也有特例：雌鬣狗比雄鬣狗体型大。

只有雌性会生孩子。

才不是呢！

如海马一样，雄性**颌针鱼**也在腹部的育儿袋中载负受精卵，直至孵出小鱼。

一对 ＝ 一雄 ＋ 一雌。

完全错误。

自然界中，同性恋人和夫妇比比皆是。两只雄狮子也可相互爱抚，共同生活。雌性**橙额鹦哥**甚至会表现得极为妒忌。她们会阻挠雄鹦鹉与自己受到诱惑的女友交配——不许碰她！两只雄性**企鹅**可收养弃蛋，将小企鹅养得健健康康。**蛎鹬**甚至会玩三人行：两雌一雄或者两雄一雌交配，并一起抚养孩子。

只有雌性会产奶。

胡说八道！

雄性也会喂奶！证据来自马来西亚的一种蝙蝠——**棕榈果蝠**。爸爸们也有奶头，能产奶！宝宝们可以找爸爸或者妈妈吃奶，随它挑选。